# 与科学亲密接触

## 玩转宇宙

智慧鸟 / 著

吉林科学技术出版社

图书在版编目（CIP）数据

玩转宇宙 / 智慧鸟著 . -- 长春 : 吉林科学技术出
版社 , 2022.10
（与科学亲密接触）
ISBN 978-7-5578-9989-9

Ⅰ . ①玩… Ⅱ . ①智… Ⅲ . ①宇宙 – 儿童读物 Ⅳ .
① P159-49

中国版本图书馆 CIP 数据核字 (2022) 第 230137 号

# 与科学亲密接触 玩转宇宙

YU KEXUE QINMI JIECHU WANZHUAN YUZHOU

著　智慧鸟
出 版 人　宛　霞
策划编辑　王聪会　张　超
责任编辑　穆思蒙
内文设计　智慧鸟
成品尺寸　226 mm × 240 mm
开　　本　12 开
字　　数　50 千字
印　　张　4
印　　数　1– 6 000
版　　次　2023 年 1 月第 1 版
印　　次　2023 年 1 月第 1 次印刷
出　　版　吉林科学技术出版社
发　　行　吉林科学技术出版社
地　　址　长春市福祉大路 5788 号出版大厦 A 座
邮　　编　130118

发行部电话 / 传真　0431–81629529　81629530　81629531
81629532　81629533　81629534
储运部电话　0431–86059116
编辑部电话　0431–81629517
印　　刷　长春新华印刷集团有限公司
书　　号　ISBN 978–7–5578–9989–9
定　　价　49.90 元

如有印装质量问题　可寄出版社调换

# 前言

科学，听上去好像很高深莫测的样子，以致很多小朋友想对它亲近，又有点儿敬而远之。上至天文，下到地理，那么多的科学知识，我们能弄得明白吗？

其实，不用担心。只要你和科学来一次亲密的接触，就一定会和科学成为“好朋友”。宇宙到底是什么形状的？我们能坐时光机回到过去、前往未来吗？海洋和地底的最深处藏着什么样的未解之谜？动物们竟然具备你想不到的超能力？神奇的建筑是怎么建成的？只要你翻开这套书，就会发现科学一点儿也不难。相反，它有趣极了，一定会让你那爱思考的小脑袋瓜儿转动得停不下来。

# 目录

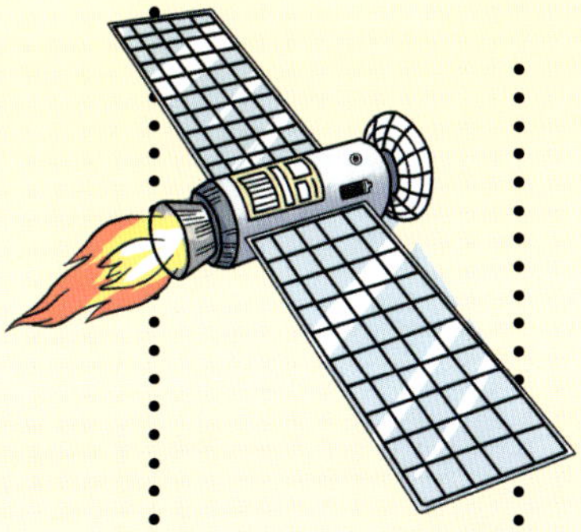

# 宇宙是什么形状的

我们走出地球，知道了地球的形状，但宇宙广袤无垠，无边无际，人们目前根本无法走出宇宙，那怎样才能知道宇宙的形状呢？

## 宇宙学原理

宇宙学原理是研究宇宙结构和演化的科学原理。人们认为，宇宙中没有任何一个地点是特殊的，所有的地点都是平等的。因此，无论你位于宇宙的什么地方，面朝什么方向，都会看到同样的宇宙图像。

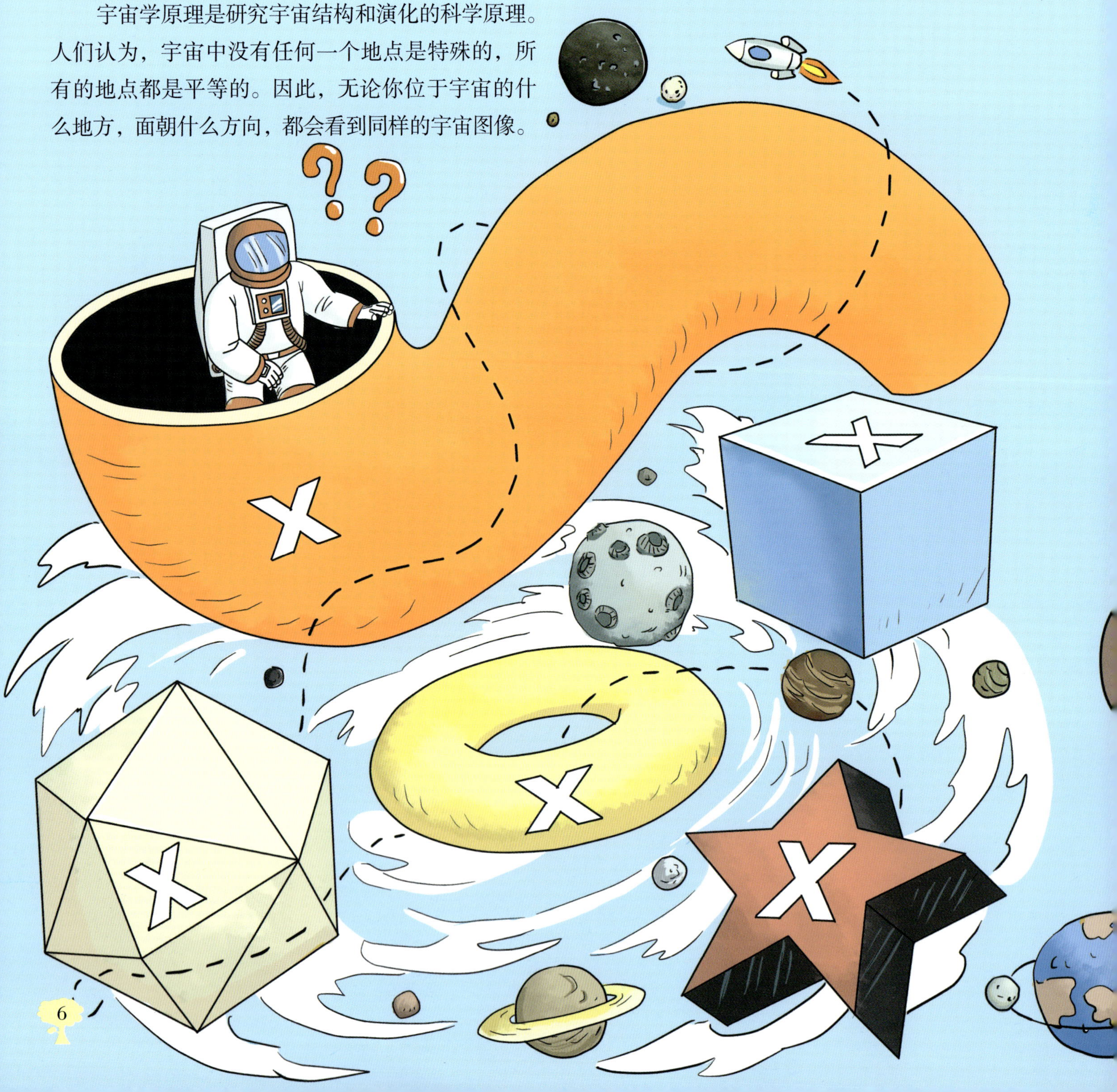

根据爱因斯坦广义相对论的数学方程式推算，宇宙可能是以下几种形状。

球形：它可能会和地球一样是球体，球面上的平行线最终相交，且任意一个三角形的内角和大于 180°。

双曲线形：它也可能像马鞍一样呈曲面，曲面上任意一个三角形的内角和小于 180°。

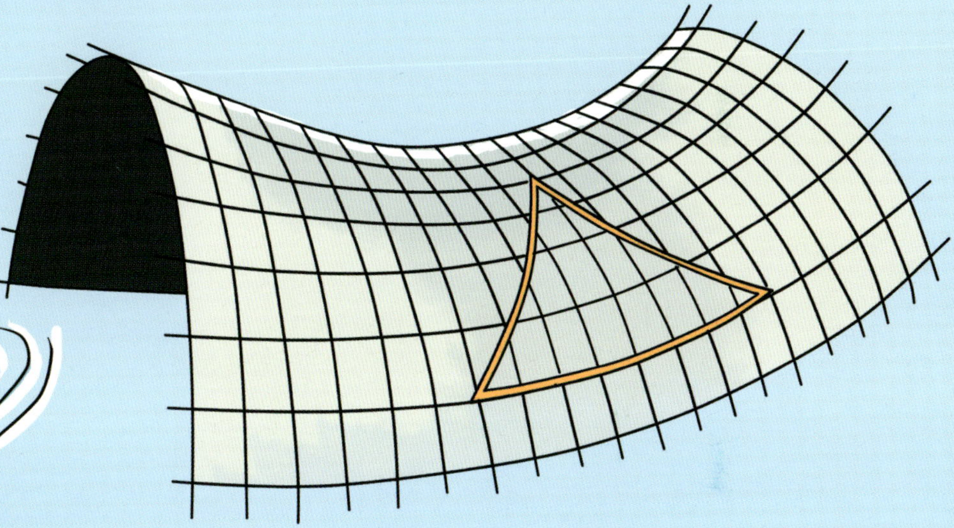

水平面：它也可能像是我们平时所画的平面图形，两条平行线永远不会相交，任意三角形的内角和等于 180°。

你认为，宇宙会是哪种形状呢？（其实科学家们目前也没有定论）

宇宙是由无数星系构成的，既然目前无法得知宇宙的形状，那我们就来看看不同形状的星系吧。

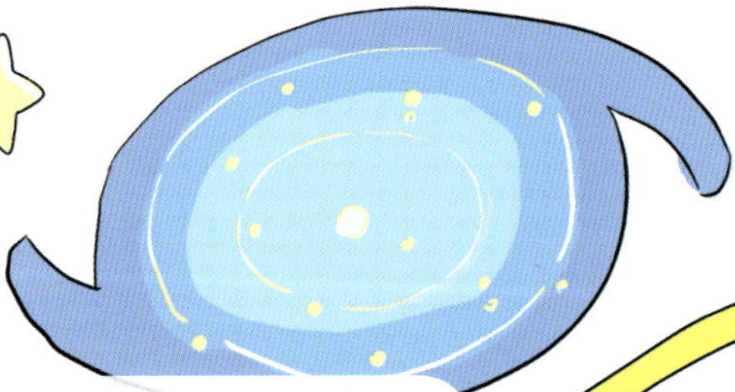

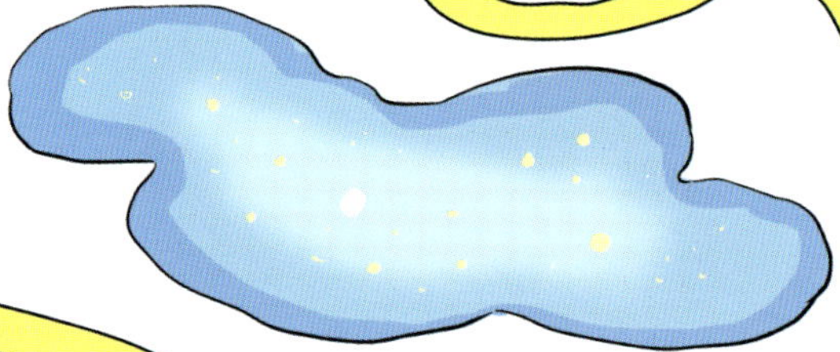

漩涡星系因形状似漩涡而得名。
椭圆星系呈球形或者椭球形。
不规则星系的外观恰如其名。

银河系便是一个典型的漩涡星系，而我们所处的太阳系则位于银河系的偏远地带。

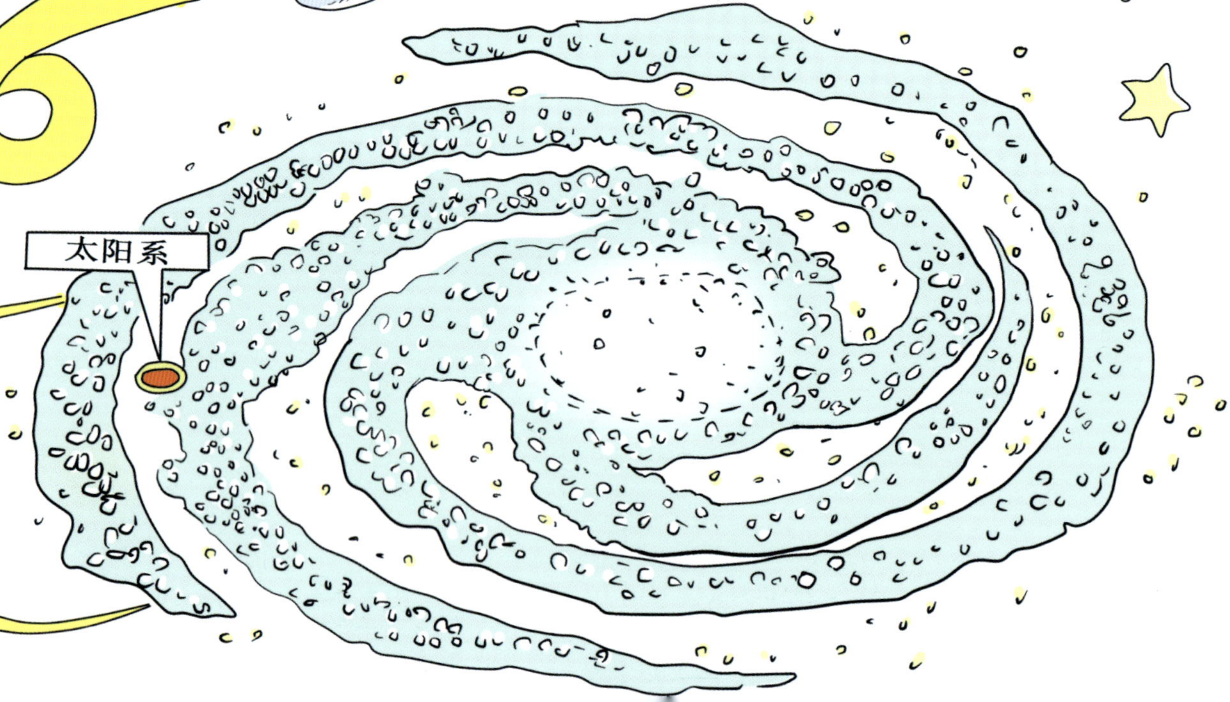

宇宙无边无际，我们就各自发挥想象力吧！
真希望有一天，我能看到宇宙的全貌！
一起努力！
哇，宇宙应该就是这样的，有数不清的星球！
说不准宇宙就长成我这样，所有的星球都挂在我身上！哈哈哈！
这是什么玩意儿？
这个想法很奇特。

# 宇宙里的可怕声音和影像

茫茫宇宙中有许多外形奇特的天体和不知从哪里发出来的怪声，如果想要遨游宇宙，你的胆子要大一些才行。

## 女巫头星云

女巫头星云位于猎户座的西南方，整体呈蓝色，酷似长着尖鼻子、长下巴的女巫。女巫头星云距离我们约 1000 光年。

## 火星人脸

火星一号探测器曾在火星表面拍到了一张照片——一颗抬头仰望星空的硕大人头。难道火星上真的有人存在吗？其实那只是拍摄角度和光线造成的错觉。

## 僵尸恒星

有的恒星死亡后会发生超新星爆炸，变成白矮星或者中子星。白矮星从它的伴星——红巨星身上吸收物质，达到一定程度后便会再次爆炸，就像僵尸复活一样。

## 木星之眼

哈勃空间望远镜拍摄的木星照片上有一只巨大的“眼睛”，仿佛在凝视着地球，非常可怕。科学家们发现，它只是由木星上巨大气旋形成的大红斑。

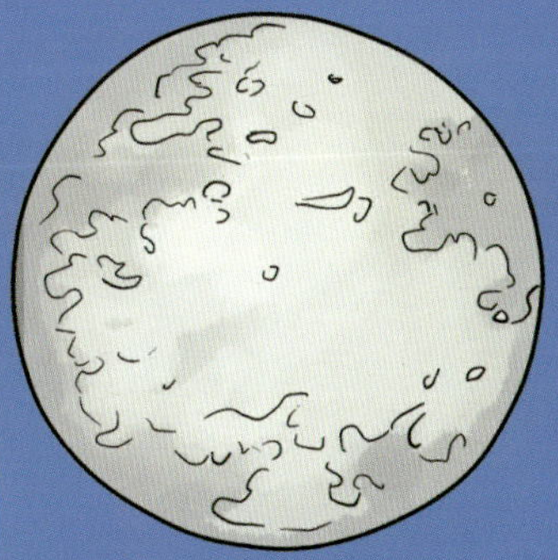

## 创生之柱

创生之柱是指哈勃空间望远镜拍摄的老鹰星云内，圆柱形星际气体和尘埃的一张影像。这团星云酷似手指，每根手指上还有一颗“蛋”，里面是一颗新生的恒星，非常奇特。

## 木星的“咆哮”

木星的磁场边界会和太阳风形成弓形激波，科学家们将这些信号转化成声音后发现，这些激波就像是木星在发出一阵阵的“咆哮”。

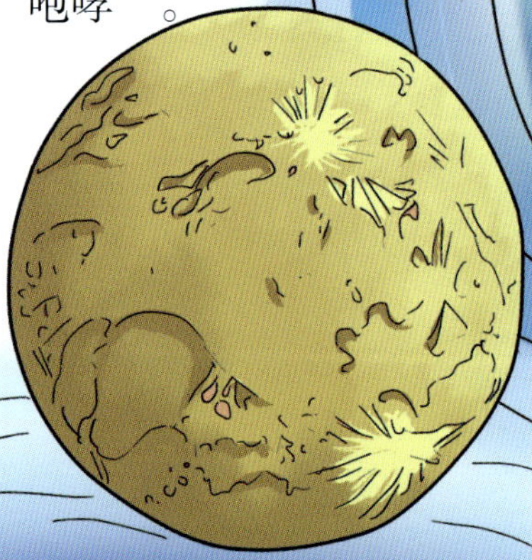

## 木卫三之歌

木卫三是围绕木星运转的一颗卫星。它在磁场运行时会产生强烈的等离子体扰动，转化后就像是森林里的鸟鸣，又像鲸类的叫声，两者相互交织，就像在合唱一样。

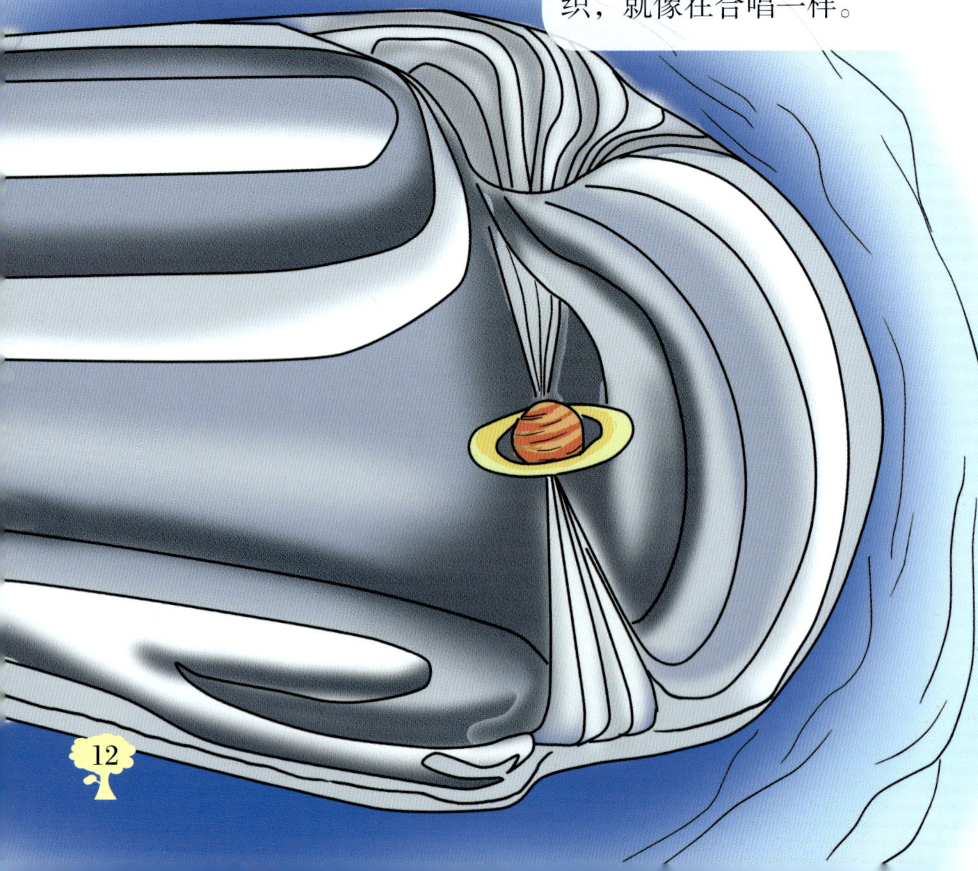

## 土星的声音

“卡西尼”号星际探测器在通过土星的磁场边缘时探测到了一组声音，听起来就像地球上海洋潮起潮落的声音。

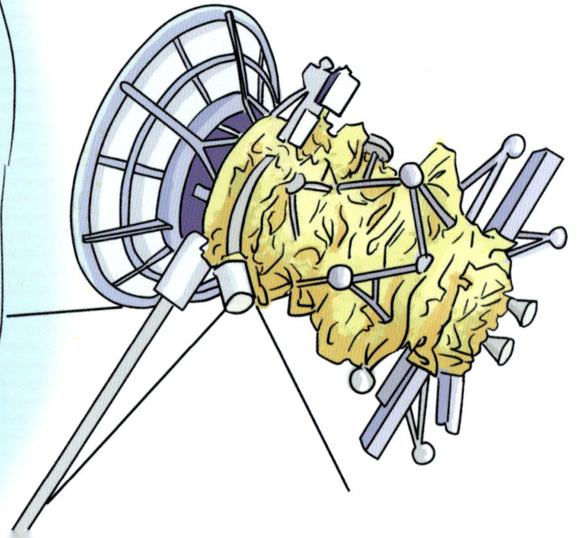

哈哈，我的发明让人类实现了自由的宇宙穿梭！
真是青出于蓝而胜于蓝啊！
阿豪你还发现了新的宜居星球，真是太棒啦！
啊啦啦啦！
别慢吞吞的，快跑啊！
阿豪，你该锻炼身体啦，你太慢了！
你们等等我啊！
走开，大怪鸟，别咬我屁股！
走开……
阿豪，什么大怪鸟，你不是在观测被称为“火鸟”的猎户座星云吗？
你终于醒了。
哈哈，你是不是梦见被火鸟追啦？
幸亏是个梦，太可怕了！

# 动物、昆虫尖兵入太空

由于科技水平的局限，在人类进入太空之前，有许多动物、昆虫尖兵代替人类打头阵，进行太空探索活动，它们为人类的太空事业立下了汗马功劳。

1947 年

果蝇是最早进入太空边缘的昆虫，它们乘坐 V-2 火箭登上了临界太空，并安全返航。

1957 年

小狗莱卡是第一个乘坐人造卫星到达外太空的地球生命，但在进入太空几个小时后，由于太空衣隔热不佳而死去。

1949 年

恒河猴艾伯特二世被誉为“第一只太空猴”，遗憾的是，它乘坐的太空舱在返航时，因降落伞故障，直接摔到了地上，导致艾伯特二世壮烈牺牲。

## 第一个太空人

由动物们代替人类进入太空的实验成功，给人类进入太空打好了基础。终于，尤里·加加林在 1961 年 4 月成功地进入了太空，他在太空中飞行了 108 分钟，并安全返航。

### 1961 年 1 月

猩猩哈姆是宇宙飞船“水星 5 号”唯一的乘客，它也是第一只到达外太空并安全返航的类人动物。

### 1959 年

兔子马尔弗沙和两只小狗一起进入了外太空，并安全返航。

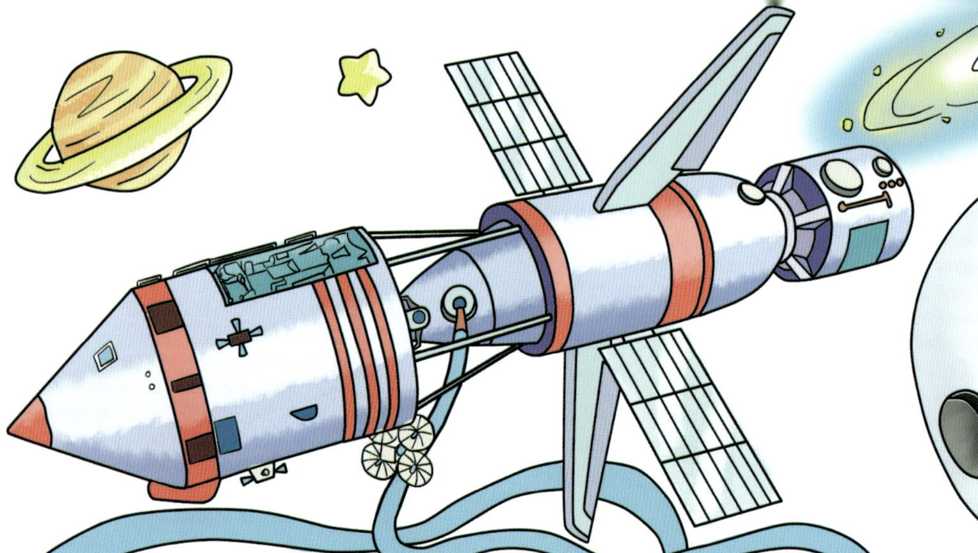

## 动物宇航员的贡献

贡献一：科学家们在实验中知道了生物升空究竟能承受多大的加速度。

贡献二：安全返航的动物、昆虫宇航员让科学家们知道，生物完全可以承受太空的生活环境。

贡献三：科学家们从动物、昆虫宇航员身上获取了更多宇宙失重的资料。

贡献四：动物、昆虫宇航员的反应告诉科学家们，孤独会影响宇航员的健康。

贡献五：动物、昆虫宇航员的健康情况让科学家们了解宇宙辐射对生命的影响。

这个模拟器就是小老鼠们的太空之家啦！
我们会认真记录它们的生活状况！
那就拜托啦！
开饭啦！没想到我竟然变成了一个优秀的老鼠保育员！
嘻嘻，请给我们的太空伙伴多多的爱心！
乖，出来啦！
粪便采集完成！
太好啦！这对人体如何适应微重力环境非常有参考价值！
我们的老鼠伙伴真给力！
能很好地适应微重力环境！
哈哈，这一个月的保姆可没白当！

# 偷偷带入太空的三明治

现在，宇航员们在太空中的饮食很丰富，也很美味，但是在早些年，宇航员的食物很单一，还因此发生过宇航员“偷藏”食物的事情。

### 太空餐

20 世纪 60 年代，标准的太空餐是一块涂有油脂和冻干粉的粗粮块和一管被压碎的肉泥。

### 不能登船的胡椒粉

胡椒粉等调料会在失重的太空中四处飘散，因此，最初它们是没有登船资格的，直到被做成液态装在挤压瓶里，才得以进入太空。

### 牛肉黑麦三明治

1965 年，美国宇航员偷偷将一块牛肉黑麦三明治带上了飞船，刚吃了几口，便发现船舱里多了许多飘浮的面包屑，宇航员迅速停止了偷吃活动。

由于面包屑可能会飘进船舱一些敏感的电子元件中，造成意外事故，所以偷吃的两位宇航员成为首批被严厉批评的宇航员。

## 中国航天美食包

现在，宇航员们可以吃到烤鱼、土豆烧牛肉、奶油面包、金枪鱼沙拉等美食，中国宇航员的太空餐最丰盛，大约有100多种，可以做到一周七天不重样儿！

2021年4月29日，中国空间站天宫的核心舱——天和核心舱成功发射，舱中的尿处理子系统源源不断地为空间站提供着干净的水。

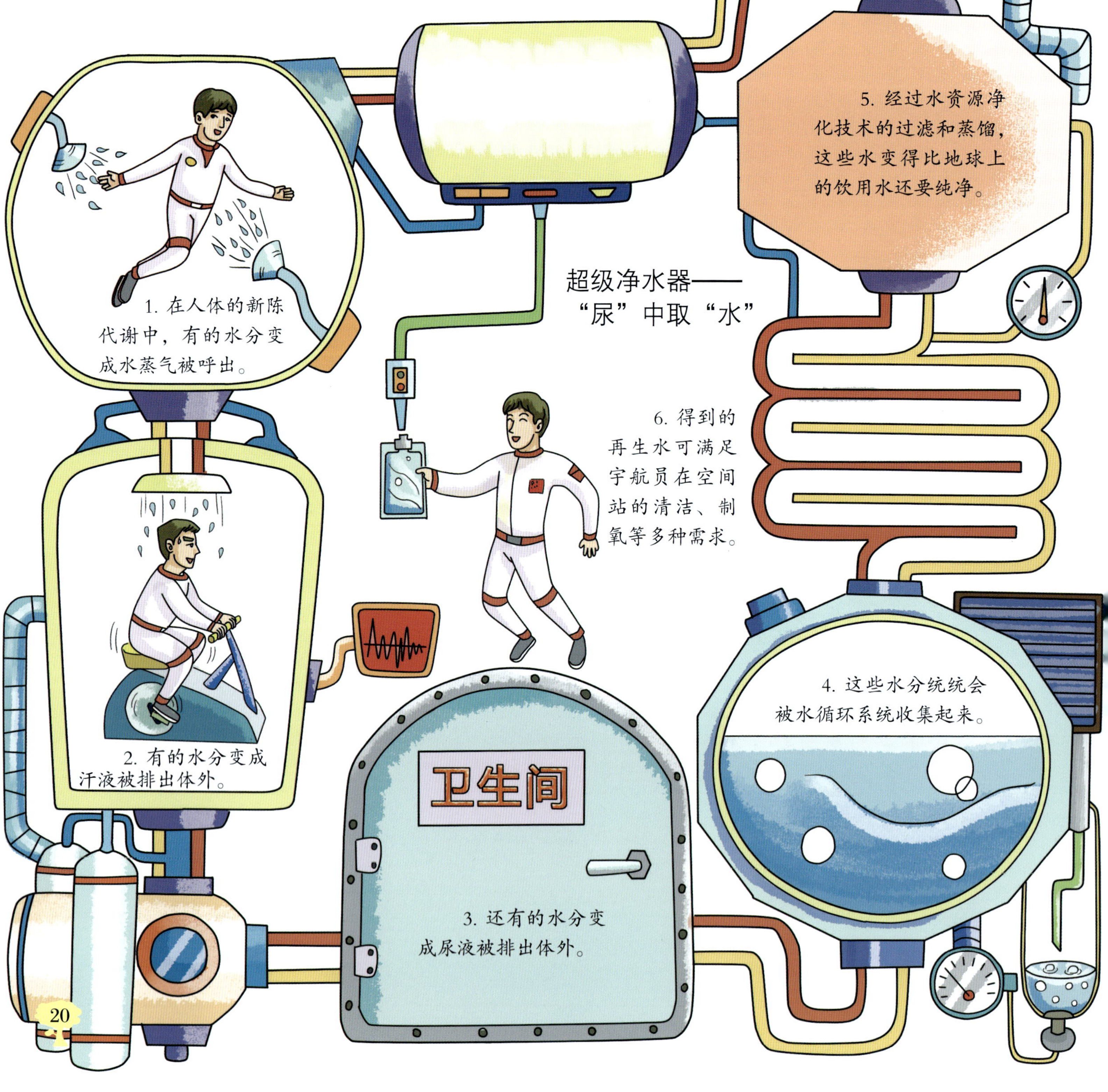

阿豪，你再飘几分钟，
我和博士就吃完饭啦！
哎，来了！
你这个小淘气！
是橙汁！
这个叉子好
像不太听话。
小心！快把它放在磁吸餐盘上，
免得一会儿你又受伤。
那真是惨痛
的回忆！

# 人造卫星也有墓地

地球周围有许多人造卫星，但它们不可能一直处于正常工作状态，当这些卫星报废之后，它们是在宇宙中流浪，还是会有特殊的去处呢？

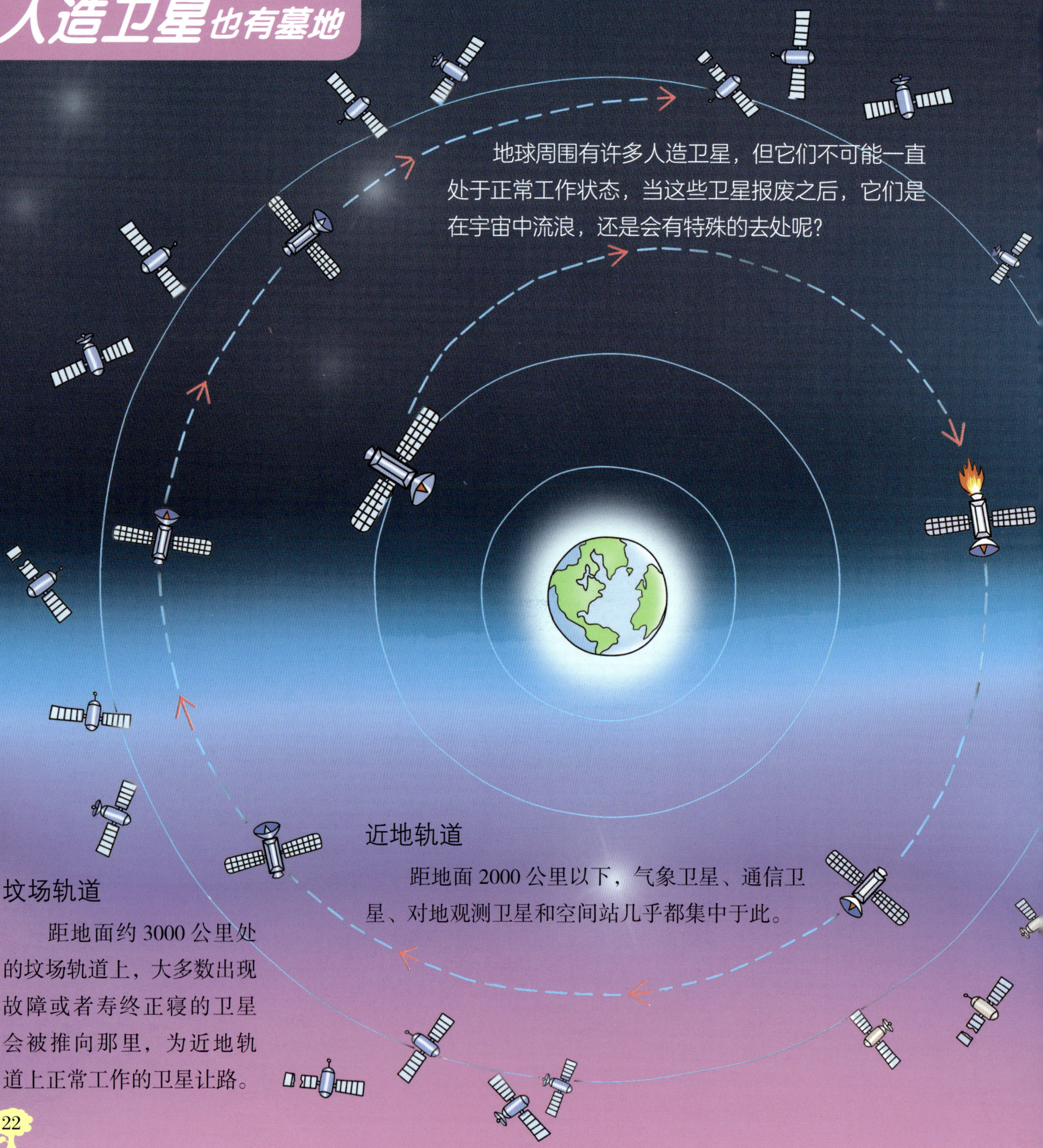

## 近地轨道

距地面 2000 公里以下，气象卫星、通信卫星、对地观测卫星和空间站几乎都集中于此。

## 坟场轨道

距地面约 3000 公里处的坟场轨道上，大多数出现故障或者寿终正寝的卫星会被推向那里，为近地轨道上正常工作的卫星让路。

### 自行前往

有的卫星在“退休”后，能依靠剩余能量，自动进入坟场轨道。

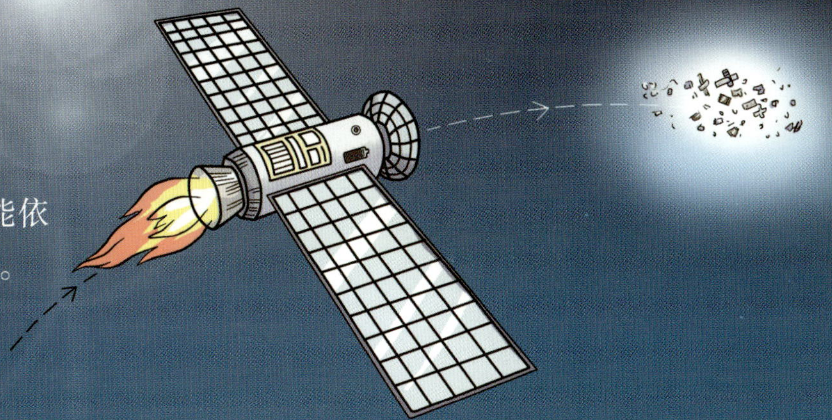

### 指令前往

有的卫星被太空垃圾碰撞后便会出现故障，地面控制人员就会启动指令，让它飞向坟场轨道。

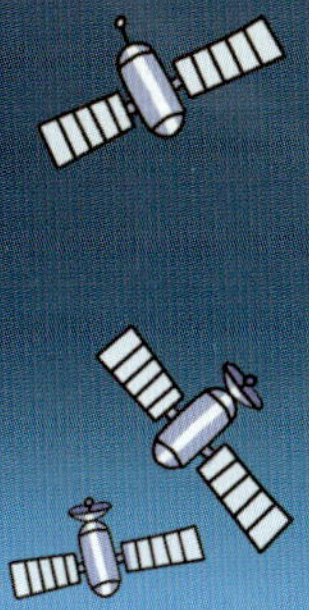

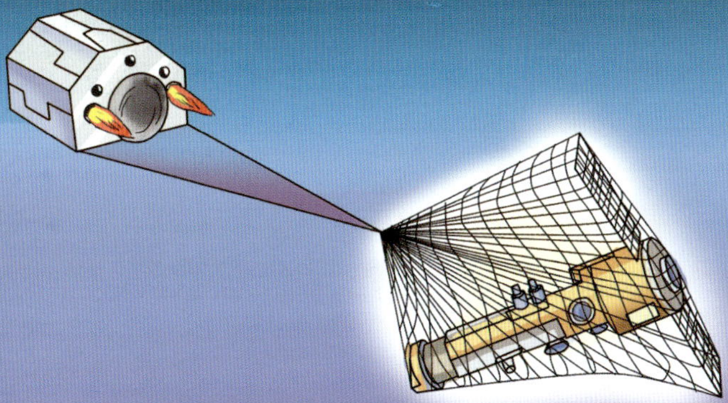

### 外力牵引

有的卫星无法自行前往坟场轨道，太空船便会将它们拖入坟场轨道。

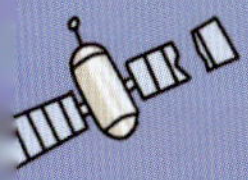

### 销毁卫星

若卫星无法前往坟场轨道，地面控制人员就会让它们回落地球，在进入大气层的时候与大气层摩擦，燃烧殆尽。

## 卫星杀手

如果航天器与一块直径为10厘米的太空垃圾碎片相撞，那么航天器可能会被直接摧毁；如果碰上数毫米大小的太空垃圾，那么航天器可能会发生故障，无法继续工作。

## 太空垃圾

据统计，目前地球周围至少有1亿块太空垃圾，其中包括卫星残骸及破损的航天飞行器碎片。

## 清除垃圾

科学家们打算利用定制的航天器将太空垃圾带回到地球销毁，也许某一天，我们的地球家园将不再被太空垃圾环绕。

流星雨，快许愿呀！
奇怪，这个时间段应该没有这么多流星的。
这哪里是流星雨，分明是夺命雨！
阿豪，报位置！
南纬 48° 52.6'，西经 123° 23.6'。
不好，咱们开进尼莫点区域了，快离开这里！
Point Nemo
尼莫点是人类极少到达的海域，也是废弃航天器的墓园。
报废的卫星在下落的过程中与大气层剧烈摩擦，小的燃烧殆尽，大的则会坠落在尼莫点。
吓死我了！
原来这是卫星的葬礼。

# 月球上的微型杀手——月尘

在月球上，微小的尘土也能让人丧命？是的。月球表面布满了许多由岩石碎屑和尘埃组成的月尘，它们给宇航员带来了很多麻烦，是人类探索月球最大的绊脚石。

## 月尘档案

月尘覆盖在月球表面，它是由无数陨石撞击月球后形成的颗粒，以及月球岩石破碎后形成的颗粒组成的，棱角非常锋利。

## 天然杀手

月球上没有风，也没有大气，处于完全静止的状态，因此月尘的棱角不会被磨损，它们会一直保持形成之初的模样。

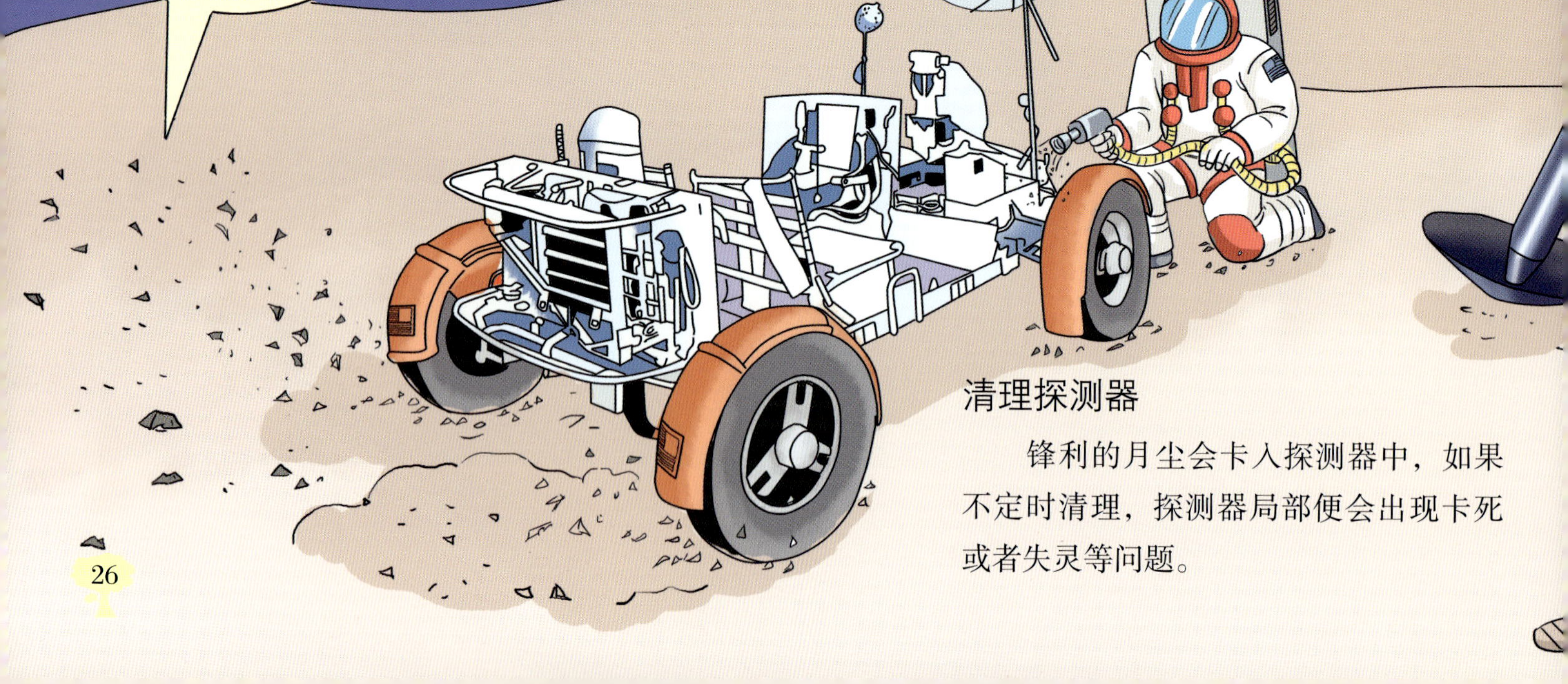

## 清理探测器

锋利的月尘会卡入探测器中，如果不定时清理，探测器局部便会出现卡死或者失灵等问题。

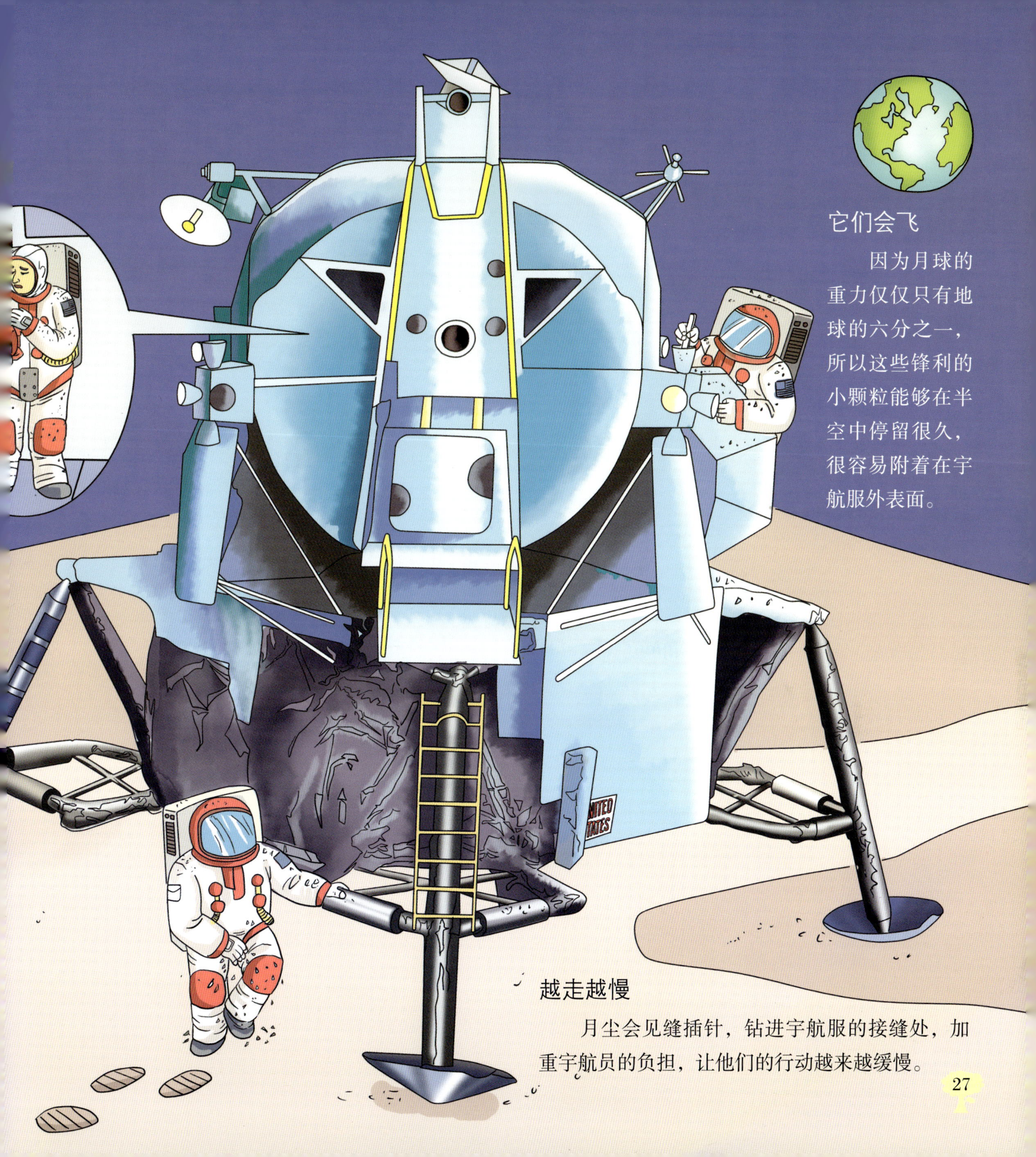

## 它们会飞

因为月球的重力仅仅只有地球的六分之一，所以这些锋利的小颗粒能够在半空中停留很久，很容易附着在宇航服外表面。

## 越走越慢

月尘会见缝插针，钻进宇航服的接缝处，加重宇航员的负担，让他们的行动越来越缓慢。

月尘附着在宇航服上，跟随宇航员混进航天器中，更坏的情况出现了……

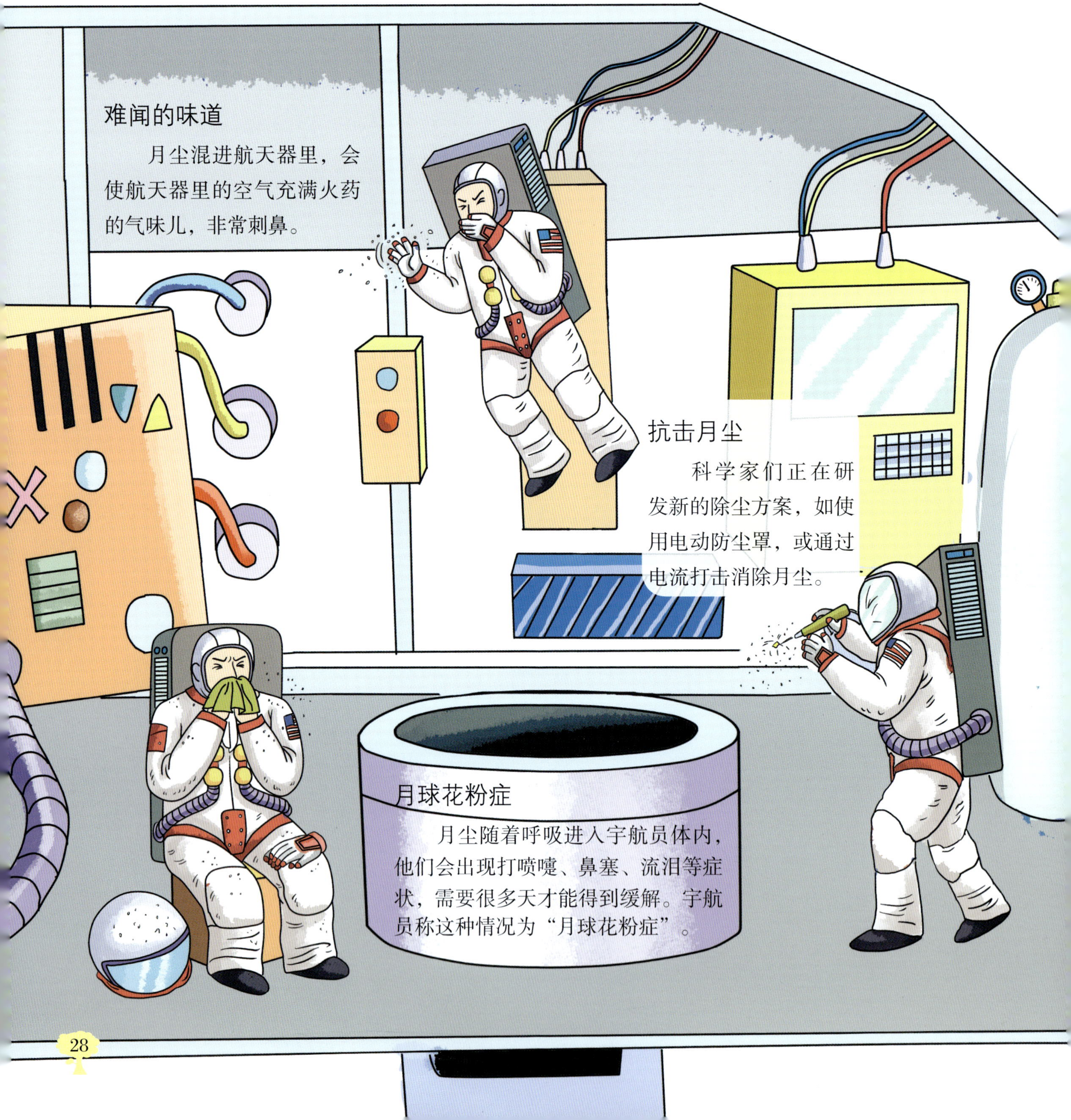

我怎么感觉胳膊
有些僵硬，行动
不太利索了！
呀，你全身上
下都是月尘！
阿豪，你要尽
快返回船舱！
那怎么行？
我的工作还
没完成呢！
万一月尘扎破宇航服，
宇航服里的空气就会
泄漏，空气漏光你就
会因窒息而死亡。
啊啊啊啊
啊啊……
……
全身上下都
是月尘，太
危险了，好
可怕。

# 火星移民计划

假如有一天地球毁灭，那么火星是目前最适合移民的星球，但在移民计划前，我们需要先改造火星，让它成为一颗适合人类居住的星球，从理论上说，需要进行以下步骤。

**第一步：小行星撞击**

引导富含氨气的小行星撞击火星，这样便能产生大量热量，提高火星表面温度，同时增加大气层浓度。

**第二步：开凿地下冰**

火星的地下蕴藏着大量的冰，将它们开凿出来，便能够解决人类的用水问题。

**第三步：制造大气层**

火星的大气层已经消失，我们要在上面建造大量的工厂，生产大量的二氧化碳、甲烷等具有温室效应的气体，人工制造用来保温的大气层。

## 第四步：融化极冠

火星两极有大量的冰和固态二氧化碳，我们可以在火星两极的外部安装巨大的反光镜，促使太阳光尽快把冰和固体二氧化碳融化掉。

## 第五步：改造微生物

对微生物进行改造，让它们能够适应火星的环境，并可以进行光合作用，这样的话可以使二氧化碳转化成氧气。

解决了环境改造的问题之后，第一批移民火星的人类要先学会种地，这样才能解决粮食问题。科学家经过多年的研究，发现还是有很多植物适合在火星上生存的。

藜麦在火星上的长势一点儿也不比地球上差；蒲公英非常适应火星气候，它的长势很快，并且几乎各个部分都可以食用；萝卜产量高，生存能力强，一小块地就能种植很多；豌豆可以增加土壤的含氮量，有利于其他农作物生长；火星种植的莴苣尝起来和地球上的口感一样，不过它的根茎会更脆弱些。我们也可以从地球上带去一些昆虫，帮助植物授粉。极冠融化的水是植物生长的最佳水源。

关于火星农园的设想

贝儿，你心心念念的火卫一出现了！
在哪里？
我以为能看到两个像月亮那么美的卫星呢，它们怎么一点儿都不亮呢？
火星虽然有两颗卫星，但是它们又小又暗，完全没法和我们美丽的月球相比。
火卫二：太阳系中最小的卫星。
火卫一：一日围绕火星跑三圈。
突然间好想回家！
如果移民到火星，是不是就看不到美丽的月亮了。
振作起来，工作完就可以回地球看月亮啦！

# 永远也吃不够的黑洞

宇宙中有种奇怪的天体，它们被称为“黑洞”。这类天体最大的特征就是“吞噬”，不管是什么物质，只要接近它，就会被它吃掉。

## 黑洞的由来

黑洞是某个巨大的恒星（比太阳重得多的恒星）在生命的最后一刻发生爆炸后形成的天体。它像是宇宙中的一个黑色洞穴，因此被称为“黑洞”。

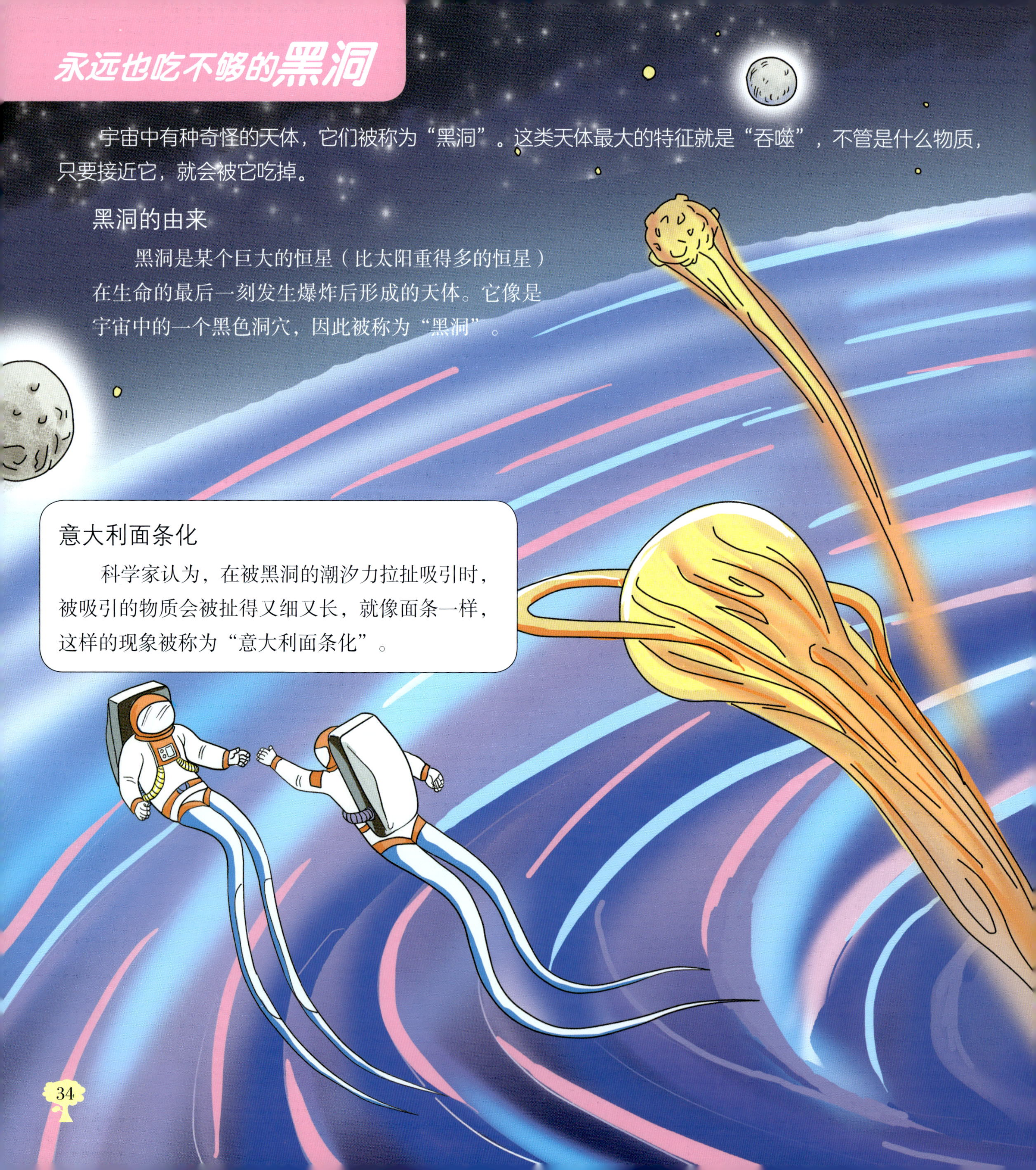

### 意大利面条化

科学家认为，在被黑洞的潮汐力拉扯吸引时，被吸引的物质会被扯得又细又长，就像面条一样，这样的现象被称为“意大利面条化”。

黑洞是无法直接观测到的，但人们可以通过望远镜观测到黑洞周围恒星的变化，通过它们的运行路径来计算出黑洞的位置。

## 观测黑洞

## 强大的潮汐力

黑洞有着极其强大的潮汐力，它会将周围的物质全部引向自己，然后吞噬。即使是光也无法逃离黑洞的吸引。

人马座 A* 是离地球最近的超大质量黑洞，它位于人马星座，和地球相距大约 2.6 万光年，是我们研究黑洞的最佳目标。

离地球最近的黑洞——人马座 A*

婴儿黑洞距离地球有 5000 万光年，也就是说飞行器光速行驶 5000 万年才可到达。它相对年龄只有30岁，是人类科学历史上发现的最“年轻”的黑洞。

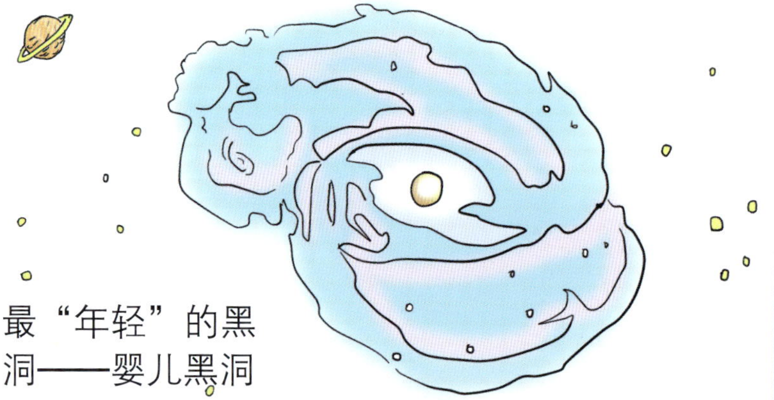

最“年轻”的黑洞——婴儿黑洞

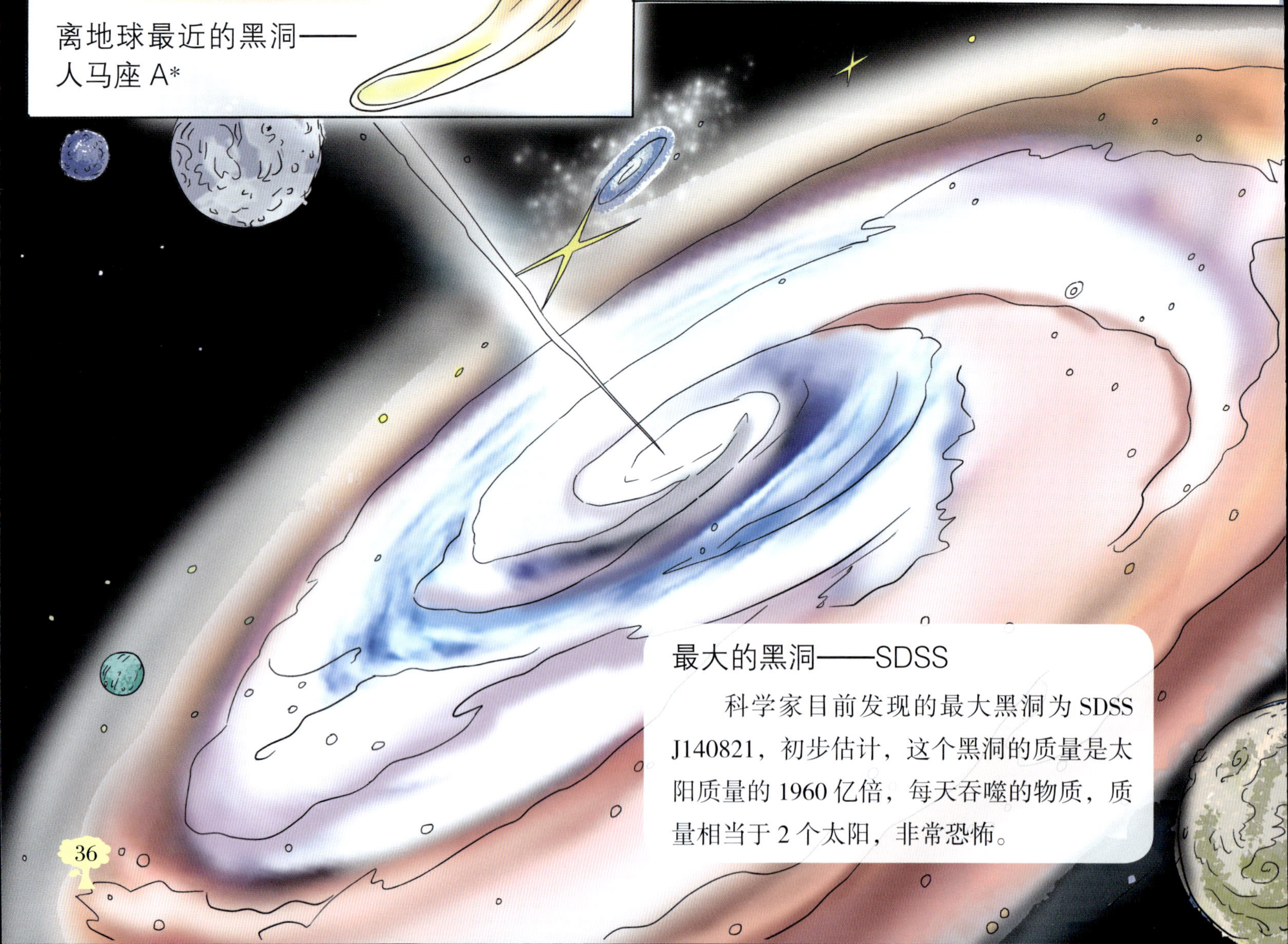

## 最大的黑洞——SDSS

科学家目前发现的最大黑洞为 SDSS J140821，初步估计，这个黑洞的质量是太阳质量的 1960 亿倍，每天吞噬的物质，质量相当于 2 个太阳，非常恐怖。

这只虫子怎么像牛皮糖一样，甩都甩不掉！
它已经追咱们一个星期啦！
前方即将进入人马座A* 黑洞捕捉范围，请快速离开！
博士，你别想不开啊！
一旦进入黑洞捕捉范围，我们就真的完蛋啦！
成功！
我早就计算好了距离，只是为了引诱这只外星飞虫，借助黑洞的力量摆脱它。
虚惊一场！

# 神秘的暗物质和暗能量

目前，我们能够观测到的宇宙中的事物，无论是各类巨大的天体，还是微小的尘埃，都被称作“物质”，但这些物质仅仅占宇宙中的极小一部分，更多的则是“暗物质”和“暗能量”。

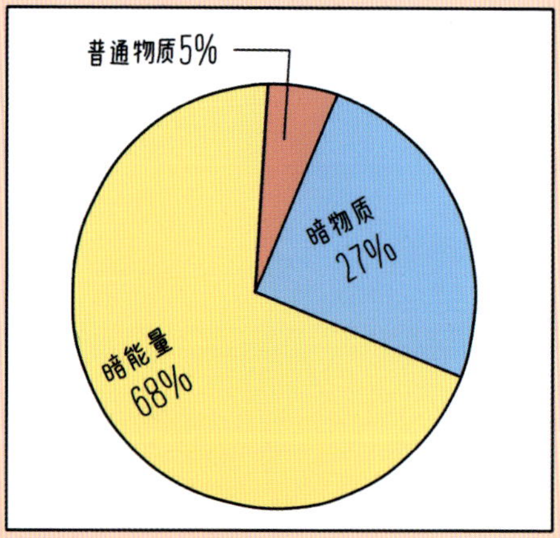

## 暗能量

虽然目前宇宙学家们并不能确定暗能量究竟是什么，但通过对宇宙的观测和研究，可以确定它是绝对存在的。

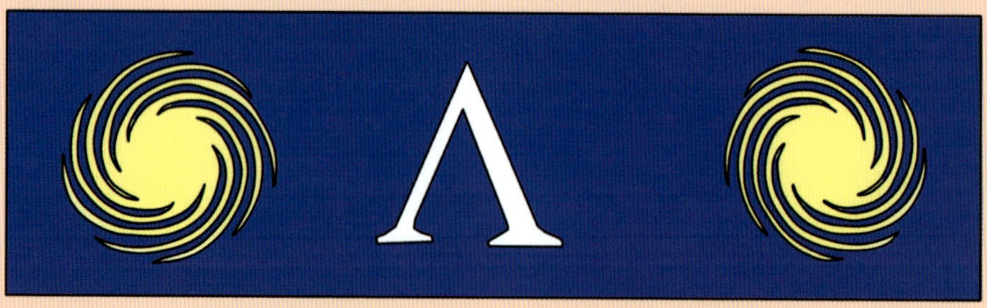


## 宇宙学常数 Λ

爱因斯坦曾经认为宇宙是静止的，天体之间的引力被一个叫作宇宙学常数 Λ 的家伙抵消了，因此天体之间才能静止不动。

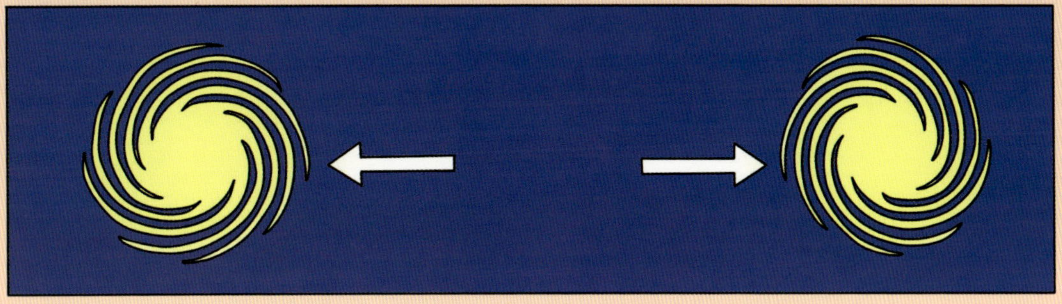

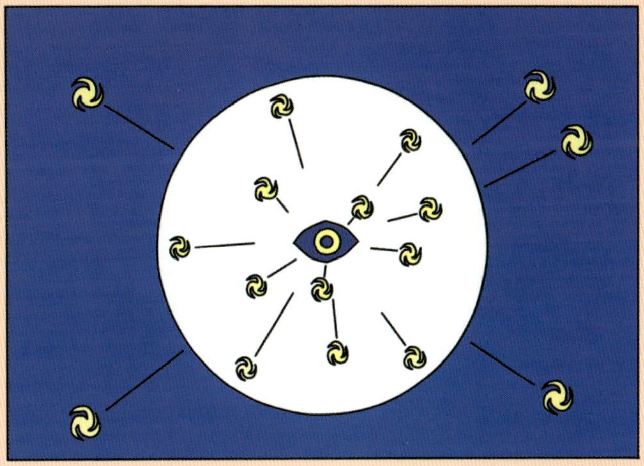

## 万有斥力

暗能量就像是万有引力的死对头，它排斥任何聚集行为，让星系之间互相远离。因此，宇宙膨胀的速度才会越来越快。

## 膨胀的宇宙

其实宇宙是在不断膨胀的，天体之间的距离越来越远，造成这一现象的幕后推手便是暗能量。

## 暗物质

暗物质是比光子和电子还要小的物质，它不会吸引任何东西，包括光，因此人们无法观测到它，它更像是一种透明的神秘物质。

## 暗物质是怎样暴露的

1933 年，瑞士天文学家 F. 兹威基通过观测后发座星系团，发现了暗物质的蛛丝马迹，首次提出了暗物质可能存在的说法。

美国天文学家薇拉·鲁宾通过研究星系中恒星的转动速度，确定了暗物质的存在。

## 暗物质引力场

暗物质能够产生特殊的引力场，一些超级星系团便是由于它的引力作用而聚集在一起的。

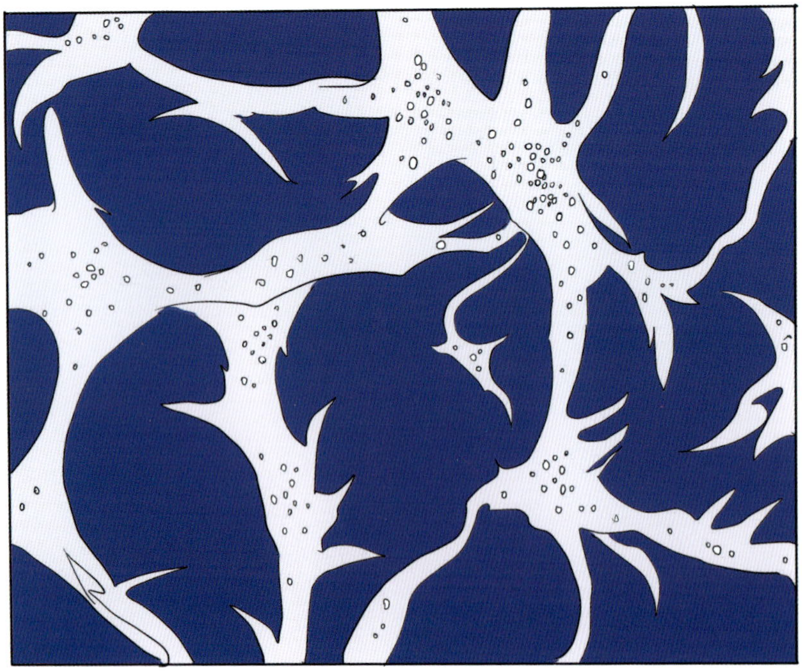

## 宇宙的奥秘

迄今为止，宇宙究竟是由什么构成的，暗物质和暗能量是否在其中有特殊的作用，我们仍旧一无所知。

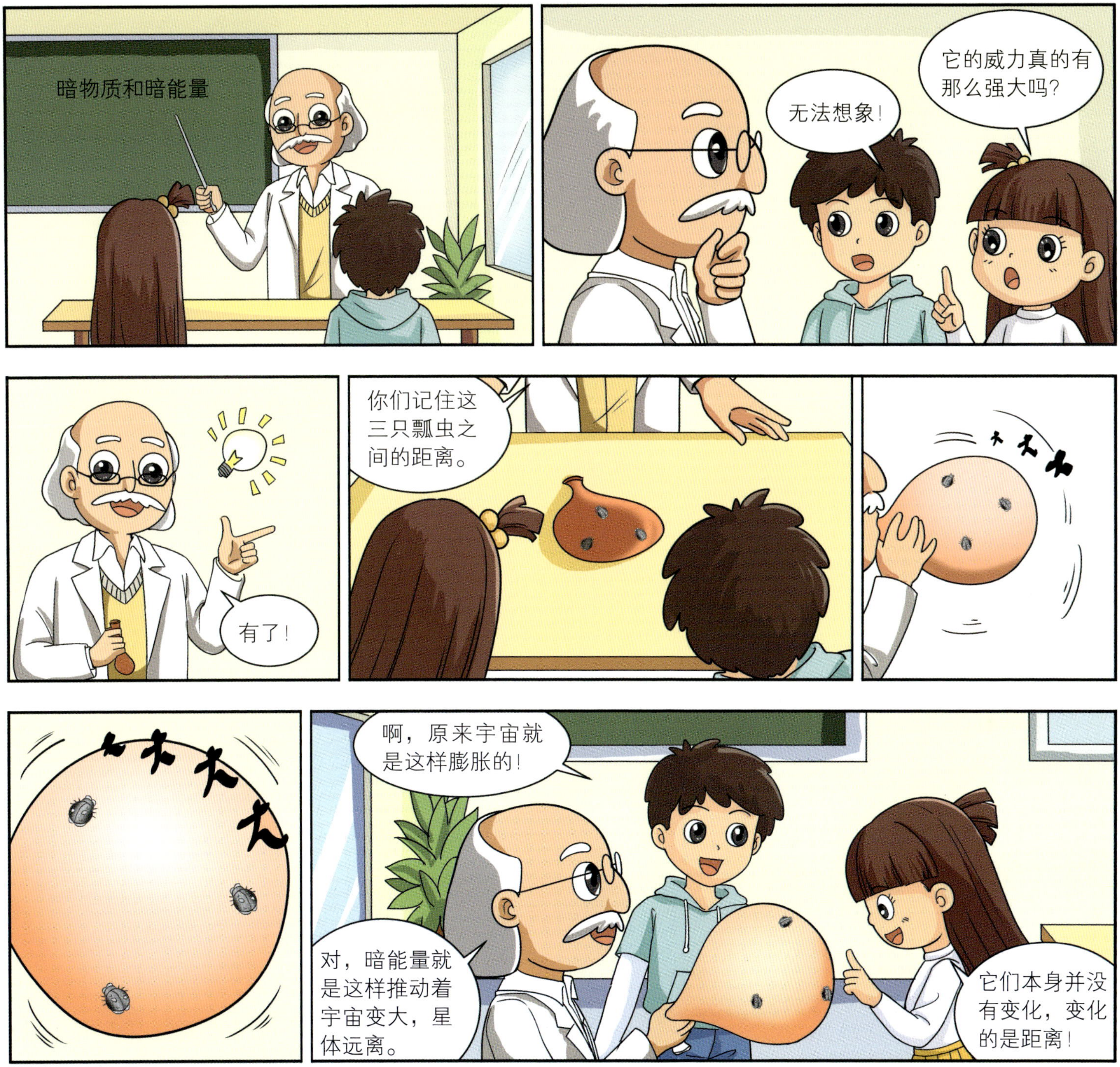
暗物质和暗能量
无法想象！
它的威力真的有那么强大吗？
有了！
你们记住这三只瓢虫之间的距离。
啊，原来宇宙就是这样膨胀的！
对，暗能量就是这样推动着宇宙变大，星体远离。
它们本身并没有变化，变化的是距离！

# 虫洞和时光机

你记得动画片《哆啦 A 梦》中那个可以穿梭时空的时光机吗？在宇宙学中，时光机并不是无迹可寻的，它被称作“虫洞”。

## 什么是虫洞

虫洞是根据爱因斯坦相对论提出的理论猜测，是指宇宙中可能存在着一种奇特的隧道，它的作用是连接两个不同时空。

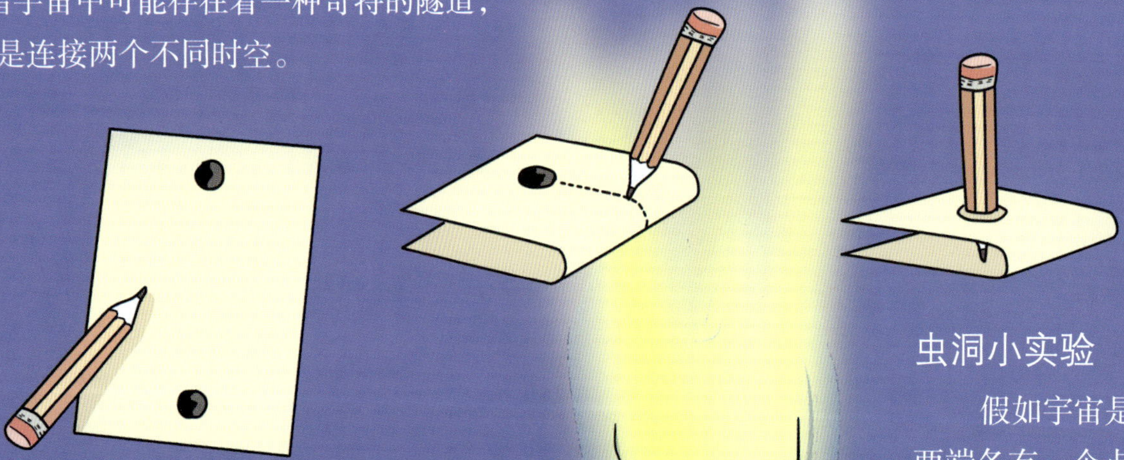

## 虫洞小实验

假如宇宙是一张纸，纸的两端各有一个点，如何用一支铅笔将两个点连起来呢？

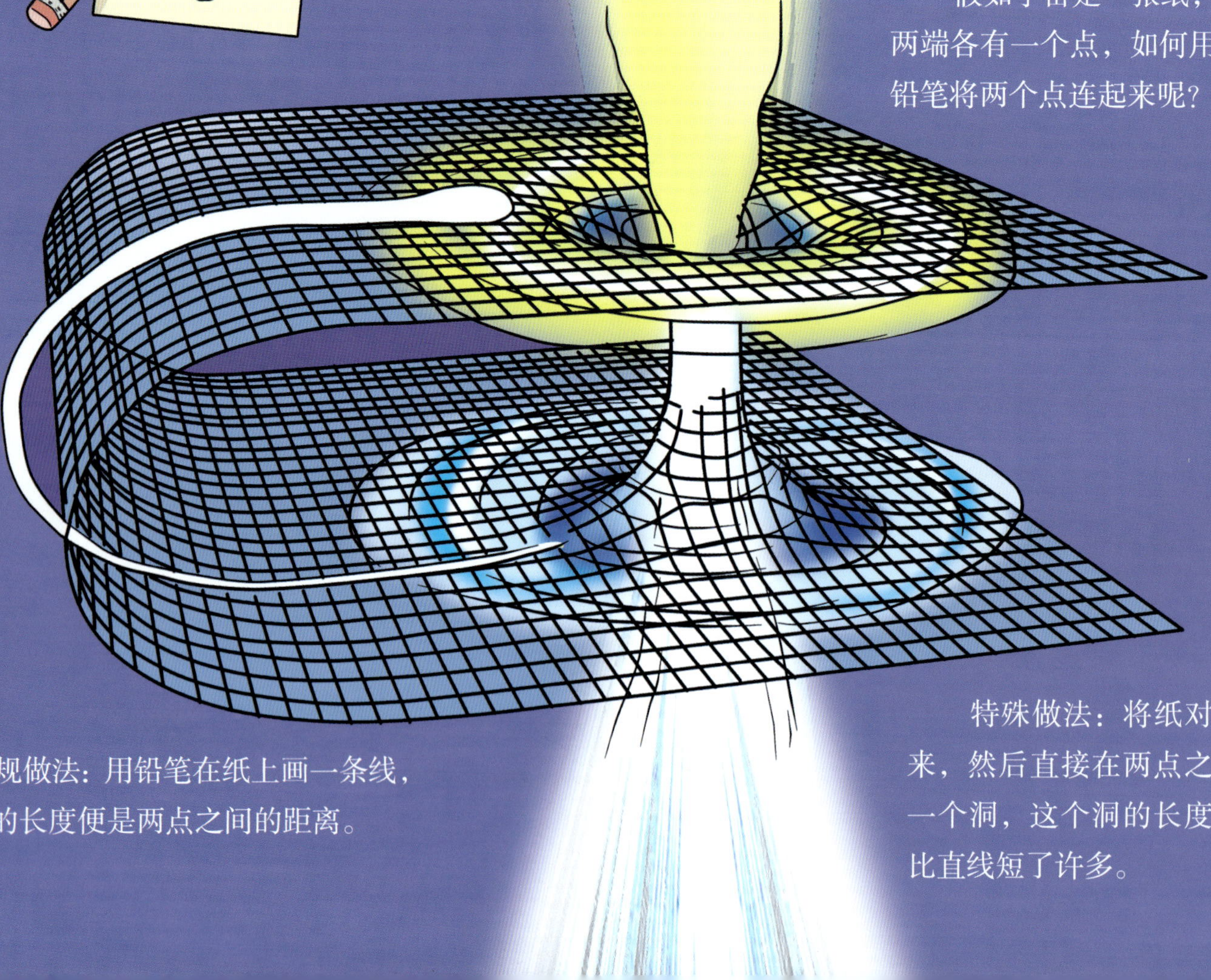

常规做法：用铅笔在纸上画一条线，这条线的长度便是两点之间的距离。

特殊做法：将纸对折起来，然后直接在两点之间戳一个洞，这个洞的长度明显比直线短了许多。

## 虫洞 = 快速通道

在宇宙学中，时空会在质量或者能量的作用下扭曲。因此，它可能会发生变形，只要两个遥远的点之间存在虫洞，那么它们之间的距离就会变短。

虫洞便相当于铅笔戳开的洞，像一条两点之间的快速通道。

## 穿过虫洞去旅行

如果你要去离地球最近的比邻星旅游，乘坐超高速宇宙飞船需要 8 年的时间，但如果你家有连接比邻星的虫洞，那么你可能一只脚还在地球上，另一只脚已经踏上了比邻星。

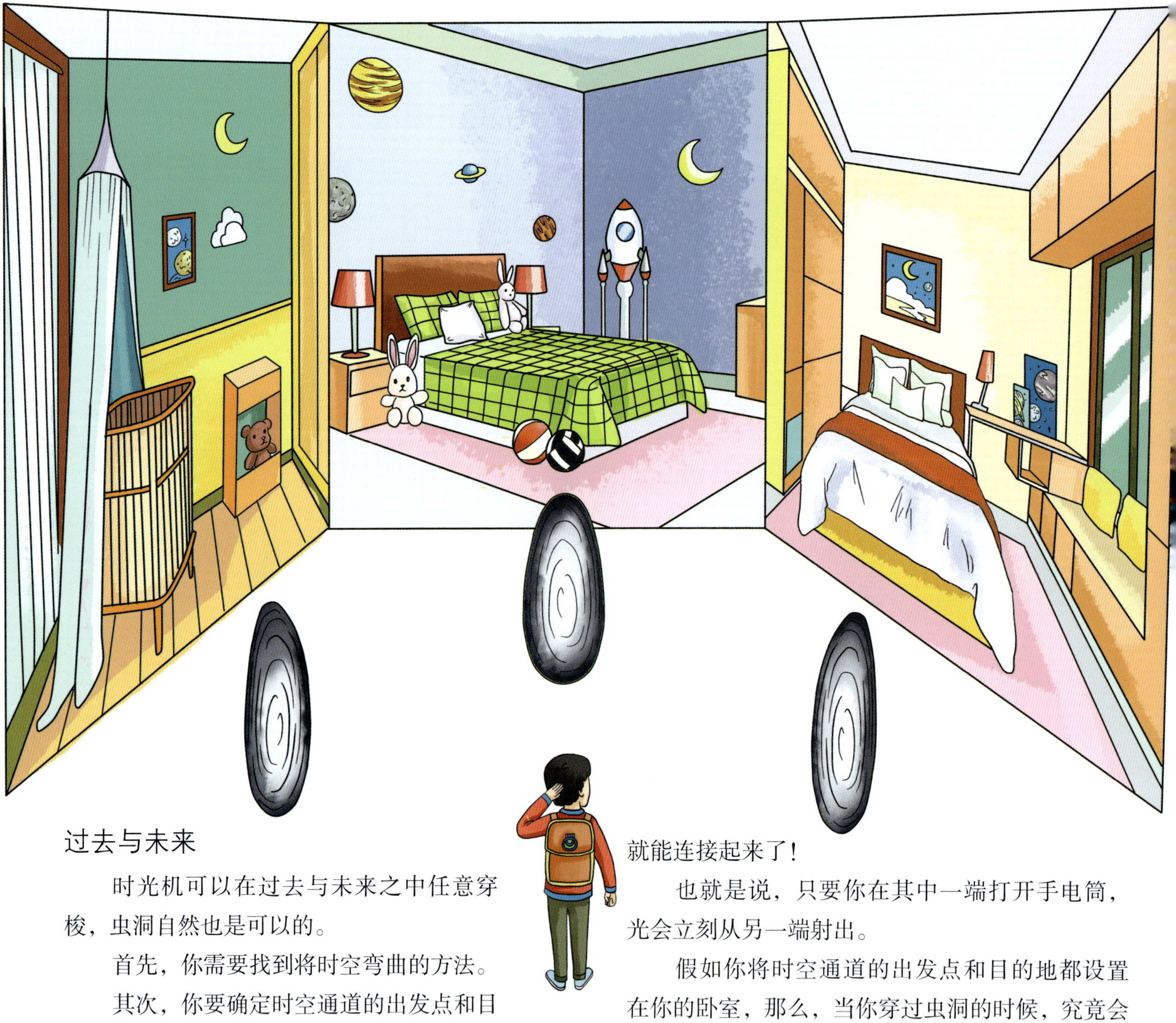

## 过去与未来

时光机可以在过去与未来之中任意穿梭，虫洞自然也是可以的。

首先，你需要找到将时空弯曲的方法。

其次，你要确定时空通道的出发点和目的地。

最后，创造虫洞，出发点和目的地瞬间就能连接起来了！

也就是说，只要你在其中一端打开手电筒，光会立刻从另一端射出。

假如你将时空通道的出发点和目的地都设置在你的卧室，那么，当你穿过虫洞的时候，究竟会回到若干年前的卧室，还是会去到未来的卧室呢？这又是另外一个问题了。现在，你知道虫洞的妙处了吗？

阿豪，你确定要趁着博士不在，进行时光穿梭吗？
放心，就是回到三天前，我肯定没问题的！
妈呀，这是哪里呀？
神仙？妖怪？
哇，看来是外星人！
你肯定是侵略地球的外星人，我要代表地球消灭你！
别，救命啊！我是地球人！
对不起，我不小心把你送到三十年前去了，你没有影响到三十年前的人吧？
他没有被影响，是我被影响了。